BEI GRIN MACHT SICH IHR WISSEN BEZAHLT

- Wir veröffentlichen Ihre Hausarbeit, Bachelor- und Masterarbeit

- Ihr eigenes eBook und Buch - weltweit in allen wichtigen Shops

- Verdienen Sie an jedem Verkauf

Jetzt bei www.GRIN.com hochladen und kostenlos publizieren

Thiemo Wolgast

Einfluss von Waldbränden und Entwaldung im tropischen Regenwald

Welche Rolle spielen Feuer und Entwaldung in diesem Ökosystem?

GRIN Verlag

Impressum:

Copyright © 2013 GRIN Verlag GmbH
Druck und Bindung: Books on Demand GmbH, Norderstedt Germany
ISBN: 978-3-656-74353-8

Dieses Buch bei GRIN:

http://www.grin.com/de/e-book/280442/einfluss-von-waldbraenden-und-entwal-
dung-im-tropischen-regenwald

Georg- August Universität Göttingen

Geographisches Institut

Feuer und Entwaldung in den Tropen.

Welche Rolle spielen Feuer und Entwaldung in Wald- Ökosystemen des tropischen Regenwaldes?

Modul: Seminar zur landschaftsökologischen Analyse und Bewertung

Semster: Wintersemester 2013 / 2014

Bearbeitet von:

Thiemo Wolgast

5. Fachsemster

Inhaltsverzeichnis

Abbildungsverzeichnis

1 Einleitung

Im Bereich der Tropen also dem Bereich zwischen den Wendekreisen befinden sich jene Waldformationen, welche Vegetationsbränden heutzutage mit am stärksten ausgesetzt sind. Aber erst seit einer relativ kurzen Zeit (80ger Jahre) wird Vegetationsbränden in den Tropen ein gesteigertes Interesse entgegen gebracht (vgl. GOLDAMMER 1993, S. 1). Angesichts der Tatsache das Feuer in den Tropen nicht länger als regionales sondern vielmehr als globales Problem anzusehen sind, erscheint das verwunderlich.

Die Aufklärung über die Rolle von Feuer in Wald- Ökosystem des tropischen Regenwaldes soll deshalb von kleiner, regionaler Maßstabsebene bis hin zur globalen Maßstabsebene erfolgen. Zunächst stellen sich dabei eine Reihe von Fragen. Unter der Voraussetzung, dass hohe Feuchtigkeit von Brennmaterial und Feuer sich gegenseitig eigentlich ausschließen sollten, stellt sich die Frage, welchen Hintergrund Feuer in einem der niederschlagsreichsten Ökosysteme der Welt haben.

Es sollen auf regionaler Maßstabsebene ökologische Folgen von Feuern bedingt durch verschiedene Ursachen aufgezeigt werden. Von besonderem Interesse sind dabei die Folgen für das Ökosystem tropischer Regenwald, welches oft in Zusammenhang mit dem zentralen Begriff Entwaldung auftritt. Kann ein Zusammenhang zwischen Feuer und Entwaldung festgestellt werden?

Auf einer höheren Maßstabsebene, welche bis hin zum globalen Ausmaß reicht, sollen anschließend Anhaltspunkte geboten werden, welche Auswirkungen globale Ereignisse wie ENSO im regionalen Kontext des tropischen Regenwaldes auslösen können. Im Umkehrschluss stellt sich die Frage, welche Auswirkungen die regionalen Ereignisse wie Waldbrände in tropischen Regenwäldern im globalen Kontext auslösen können.

Vor allem die globale Klimaerwärmung als eines der Kernthemen des 21. Jahrhunderts, spielt in diesem Kontext eine herausragende Rolle. Im Vordergrund des Interesses stehen dabei anthropogen bedingte Prozesse. Stehen die mit anthropogener Waldnutzung verbundene Verbrennung tropischen Regenwaldes und die damit verbundene Entwaldung also auch in einem Zusammenhang mit dem weltweiten Klimawandel ? Sobald die Rede von anthropogener Waldnutzung ist, darf die Komponente Mensch natürlich nicht außer Acht gelassen werden. Ein starkes Bevölkerungswachstum in Ländern der Tropenregion führte in der Vergangenheit zu einem immer stärkeren Nutzungsdruck für tropische Regenwälder, welcher erst mit der Aufklärung über die verheerenden Folgen einer Ausbeutung der tropischen Wälder abflaute (vgl. GOLDAMMER 1993, S. 2). Es stellt sich somit die Frage, aus welchen sozioökonomischen Gründen tropische Regenwälder überhaupt genutzt werden, bzw. ob die in dieser Ausarbeitung beschriebenen Nutzungsformen und ihre Auswirkungen ökologisch sowie klimatisch überhaupt tragbar sind.

2 Immerfeuchte Tropen

Die immerfeuchten Tropen sind die Ökozone der tropischen Regenwälder. Diese machen weltweit 28% der Waldbestände aus. Der größte zusammenhängende tropische Regenwald der Welt ist im Amazonasbecken in Südamerika beheimatet. Insgesamt beherbergen weltweit 9 südamerikanische Staaten

Regenwaldvorkommen. Brasilien beherbergt mit mehr als 50% Anteil am Amazonasregenwald und etwa 1/3Anteil an den weltweiten Regenwaldvorkommen den größten Waldblock. Der Regenwald im Kongobecken macht als zweit größter Regenwaldblock etwa 20% der weltweiten Regenwaldvorkommen aus. Er befindet sich auf dem Staatsgebiet von 6 Staaten. Die dritt größten Regenwaldvorkommen verteilen sich mit etwa 10% Anteil auf Indonesien. Der restliche Anteil tropischen Regenwaldes befindet sich hauptsächlich im Südost Asiatischen Raum sowie in Australien und Indien (vgl. Abbildung 1).

2.1 Verbreitung

Die Verbreitung der tropischen Regenwälder lässt sich nur bedingt auf globaler Ebene territorial eingrenzen. Die häufigsten Vorkommen immerfeuchter Tropen und somit auch der tropischen Regenwälder beschränkt sich auf den Bereich zwischen 10° nördlich und 10° südlich des Äquators. In den Bereichen der winterlichen Passatregen und der monsunalen Niederschläge können sie jedoch auch eine Ausdehnung bis über 20° nördlich und 20° südlich des Äquators hinaus erreichen (vgl. Abbildung 1). Mit einer Gesamtfläche von etwa 12,5 Mio. km² beanspruchen die tropischen Regenwälder einen Anteil von etwa 8,4% des Festlandanteils. Die Abgrenzung zu den anliegenden Ökozonen kann thermisch (im Fall der immerfeuchten Subtropen) sowie hygrisch (im Fall der sommerfeuchten Tropen) vorgenommen werde. Es handelt sich hierbei allerdings nicht um scharfe Grenzen sondern viel mehr um fließende Übergänge zwischen den Zonen, da teilweise Gemeinsamkeiten im Bezug auf Bodenbeschaffenheit, Vegetation sowie Landnutzung bestehen (vgl. SCHULZ 2008, S. 320 – 321).

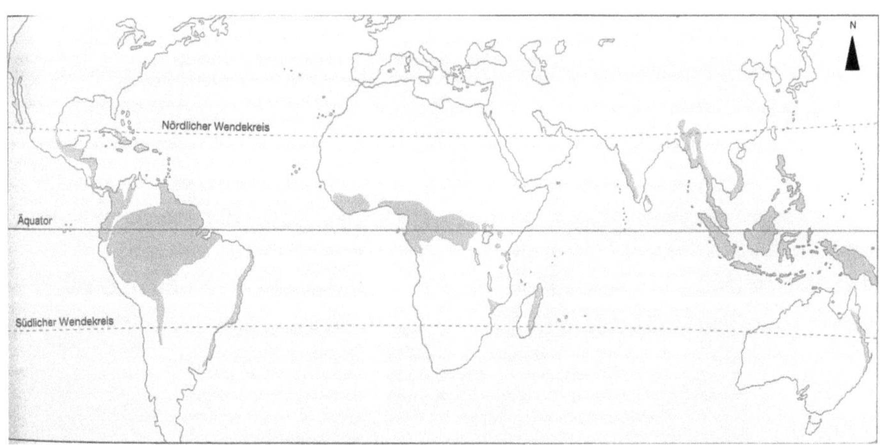

Abbildung 1 : Verbreitung der tropischen Regenwälder nach ANHUF (2010), S. 5, verändert.

2.2 Klima

Tropische Regenwälder sind gekennzeichnet durch eine ganzjährige mittlere Jahrestemperatur von 25 -
27°C. Es handelt sich um frostfreie Wälder, in denen die Temperatur stets über 18°C liegt. Im Bereich der
tropischen Regenwälder herrscht Tageszeitenklima, was bedeutet, dass die Tag - Nacht Unterschiede
(schwanken um 5-10°C) der Temperatur jene der Monatsmittel (schwanken um 4°C) übersteigen (vgl.
Abbildung 2). Sie sind zudem dadurch gekennzeichnet, dass sich jahreszeitliche Unterschiede kaum über
schwankende Temperaturen, vielmehr aber über sich ändernde Niederschlagsverhältnisse manifestieren. Im
Bereich der tropischen Regenwälder können Niederschläge bis zu 10 000 mm/ Jahr erreicht werden. Die
durchschnittliche Niederschlagsmenge liegt jedoch zwischen 2 000- 3 000 mm /Jahr. Es handelt sich bei den
Niederschlägen um Zenitalregen, welche gering zeitverzögert nach dem Sonnenhöchststand fallen. Es
herrscht ein weitestgehend humides Klima, da die Niederschläge die Evapotranspiration (potentielle
Landverdunstung) meist ganzjährig überschreiten (vgl. Abbildung 2). Es gibt jedoch Ausnahmen, welche
meist durch klimatische Großereignisse, wie durch ENSO (El Nino Southern Oscillation) Ereignisse
ausgelöst werden. Es können Monate auftreten, welche Klimatisch als arid zu bezeichnen sind, da die durch
die hohe Einstrahlung bedingte Evapotranspiration die Niederschlagswerte überschreitet. Da diese
Trockenperioden jedoch meist noch im Toleranzbereich der ansässigen Baumarten liegen und die
Trockenzeit durch den Wasserüberschuss der Vormonate ausgeglichen werden kann, können intakte
Regenwaldökosysteme weiter existieren. Die relative Luftfeuchte innerhalb der Bestände liegt bei 85-90%.
Außerhalb des Kronendaches unterliegt die Luftfeuchtigkeit größeren Schwankungen und sinkt auf bis zu
40% (vgl. NENTWIG et al. 2009, S. 248).

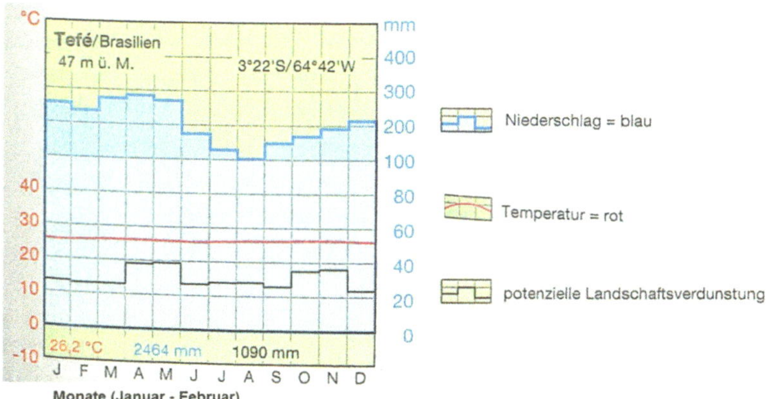

Abbildung 2 : Klimadiagramm der tropischen Regenwaldstation Tefé / Brasilien nach ANHUF (2010),
S. 5, verändert.

2.3 Vegetation

Eines der zentralen Merkmale der tropischen Regenwälder ist eine äußerst hohe Biodiversität sowie eine immense Menge an lebender Biomasse (vgl. ANHUF 2010, S. 5).

Die Vegetation in tropischen Regenwäldern ist gekennzeichnet durch einen charakteristischen Stockwerkbau. Es wird in 3 Schichten (A,B,C) untergliedert. Die A- Schicht beherbergt Bäume mit einer durchschnittlichen Höhe von 30 - 60 Metern. Die sich angliedernde B- Schicht hat eine durchschnittliche Höhe von 24 Metern. Die C- Schicht folgt mit einer durchschnittlichen Höhe von 18 Metern. Die einzelnen Baumarten sind durch eine spezifische Kronenform an die jeweiligen Schichten angepasst. Licht ist hierbei der Wachstums begrenzende Faktor, da nur etwa 3% des einfallenden photowirksamen Lichts nach passieren der Kronenschicht den Boden erreicht. Aufgrund dieses Lichtmangels am Boden, wird dieser weitestgehend von Vegetation gemieden. Charakteristisch für tropische Regenwälder sind weiterhin Lianen (holzige Kletterpflanzen) und Epiphyten (krautige Pflanzen welche an Stamm/Ästen wachsen, nicht parasitär), welche die üppige Baumvegetation als Wachstumsraum nutzen. Die Baumvegetation ist aufgrund der Nässe bedingten, geringen Sauerstoffsättigung tiefer Bodenschichten gekennzeichnet durch flach wurzelnde Arten. Diese bilden so genannte Brettwurzeln aus, welche den Bäumen Stabilität verleihen. Aufgrund gehemmter biologischer Remineralisierungsprozesse, welche sich durch ein saures Bodenmilieu erklären lassen, stehen viele der Arten in Symbiose mit Mykorrhiza- Pilzen, welche die Wiederaufnahme von Nährstoffen beschleunigen (vgl. NENTWIG et al. 2009, S. 248 - 249).

2.4 Boden

Bei den charakteristischen Böden im Bereich der immerfeuchten Tropen handelt es sich meist um Ferralsole (lat. *ferrum* = Eisen; al = Aluminium). Diese haben sich unter konstant feuchtwarmen Bedingungen vermutlich seit dem Tertiär unter Waldbewuchs gebildet. Sie sind gekennzeichnet durch eine hellgelbe bis tiefrote Färbung und weisen einen verhältnismäßig geringen Humusgehalt auf. Mit einem pH- Wert von ca. 4,8 im Oberboden (0-20 cm) und ca. 5,0 (70-100 cm) im Unterboden weisen Ferralsole ein saures Milieu auf, welches Abbauprozesse und Remineralisierungsprozesse durch Mikroorganismen und Destruenten hemmt. Diese Böden weisen einen hohen Aluminium- und Eisengehalt sowie eine äußerst tiefgründige Entwicklung auf. Weitere, weniger häufig auftretende Böden in der Region der immerfeuchten Tropen sind beispielsweise Acrisole und Lixisole (vgl. SCHULTZ 2008, S. 324 - 325).

3 Feuerabhängige Ökosysteme

In verschiedenen Ökosystemen wird die Entstehung von Vegetationsbränden durch bestimmte vorherrschende Klimafaktoren enorm begünstigt. In diesen Ökosystemen sind Feuer sogar ein wichtiger Bestandteil, mit ökologischer Funktion zur Aufrechterhaltung der Funktion dieser Ökosysteme. Es handelt sich dabei zum Beispiel um Standorte, an denen bestimmte klimatische Bedingungen wie niedrige Temperaturen (Permafrostböden) oder enorme Trockenheit die Zersetzung der anfallenden Streu durch

Mikroorganismen und Destruenten einschränken. Einige Arten wie die nordamerikanische Lodgepolekiefer benötigen sogar die Hitze eines Vegetationsbrandes als Impuls zur Freisetzung der Samen aus ihren Zapfen. Diese Ökosysteme existieren also in absoluter Abhängigkeit zum Feuer und können daher als feuerabhängige Ökosysteme bezeichnet werden.

Bei typischen feuerabhängigen Ökosystemen oder auch Feuerlandschaften handelt es sich laut WWF beispielsweise um Boreale Nadelwälder auf Permafrostböden, die Trockensavannen der Randtropen, die laubabwerfenden Monsun - und Trockenwälder Südasiens, die Eukalyptuswälder Australiens sowie je nach Bestandszusammensetzung einzelne kalifornische Nadelwaldgesellschaften. Die Häufigkeit und Dauer der Brände ist von den vorherrschenden klimatischen Bedingungen im Zusammenhang mit jahreszeitlichen Schwankungen der vorherrschenden Vegetation sowie von der Geländebeschaffenheit abhängig. Vor allem die Häufigkeit und Intensität auftretender Gewitterereignisse ist entscheidend für die Vegetationsbrände. Weiterhin lässt sich die Art der Brände je nach vorherrschender Vegetation genauer unterscheiden. Charakteristisch für Savannen der Randtropen, Graslandschaften und Feuchtgebiete sind beispielsweise Bodenfeuer (betrifft Kraut- und Strauchschicht) mit geringer Intensität. In anderen Waldgesellschaften, wie Monsunwäldern sind seltenere Brandereignisse mit höherer Intensität charakteristisch. Hier dienen die natürlichen Vegetationsbrände zur Verjüngung der Bestandsstruktur. Von größter Bedeutung für alle feuerabhängigen Ökosysteme ist aber die evolutionär bedingte Regenerationsfähigkeit sowie Wiederstandsfähigkeit gegen Brandereignisse, welche sie von den vorwiegend feuerempfindlichen Ökosystemen unterscheidet (vgl. WWF DEUTSCHLAND 2012, S. 9).

4 Feuerempfindliche Ökosysteme:

Grundannahme ist, das feuerempfindliche Ökosysteme und die zugehörigen Tier und Pflanzenarten in keiner bis zu vernachlässigender Abhängigkeit zu Brandereignissen stehen. Weiterhin sind die Organismen evolutionsbiologisch nicht an größere Vegetationsbrände angepasst, sodass ihnen die Wiederstands - und Regenerationsfähigkeit fehlt, welche notwendig ist um Ökosystem schädigende
Wirkungen des Feuers langfristig zu verhindern. Vorherrschende klimatischen Bedingungen sowie die vorherrschende Vegetationsstruktur intakter Ökosysteme verhindern in der Regel größere Brandereignisse. Gefahr für diese Ökosysteme besteht durch anthropogene Eingriffe und somit durch ursächlich anthropogen verursachte Vegetationsbrände. Aufgrund der geringen bis nicht vorhandenen Anpassung an größere Feueraktivität, haben große Brände meist eine verheerende Wirkung auf feuerempfindliche Ökosysteme. Es kann gar zu einer Veränderung der Struktur der ökosystemaren Artenzusammensetzung und somit zur Verdrängung einzelner Ökosysteme kommen (vgl. WWF DEUTSCHLAND 2012, S. 10).
Zu typischen Ökosystemen dieser Kategorie sind die tropischen Regenwälder zu zählen, auf welche im weiteren Textverlauf das Hauptaugenmerk gelegt werden soll. Größere und häufig auftretende Vegetationsbrände, welcher in dieser Region fast ausschließlich anthropogenen Ursprungs sind, können durch Auflichtung der Wälder zu einer Beeinflussung bzw. Zerstörung des Bestandsklimas (Mikroklimas)

führen. Dies führt zur Verdrängung ansässiger Arten und somit zur Beeinflussung der gesamten Ökosystemstruktur. Feuer anfällige Vegetation (in diesem Fall Sekundärvegetation) wird dadurch gefördert und kann vermehrt auftreten.

5 Natürliche Vegetationsbrände

Natürliche Waldbrände lassen sich Erdgeschichtlich bis ins Paläozoikum (Karbon) nachweisen. In Kohlelagerstätten welche in der Zeit zwischen Paläozoikum und Tertiär entstanden sind, werden zumeist fossile Holzkohleeinschlüsse gefunden. Deren Entstehung lässt sich unter tropischen und subtropischen Bedingungen in immerfeuchten Regionen durchaus nachvollziehen. Ursache waren vermutlich durch Blitzschlag verursachte Brände in Sumpfwaldlandschaften. Natürliche Vegetationsbrände durch Blitzschlagfeuer lassen sich heute bis ins frühe Tertiär nachweisen. Es können beispielsweise Spuren von Blitzschlägen durch Blitzschlagrinnen in fossilen Baumstämmen nachgewiesen werden. Es wird davon ausgegangen, dass längere Trockenperioden in Sumpfgebieten zum Absinken des Wasserstandes führten. Die organische Auflage trocknete aus, und es kam beispielsweise durch Blitzschlag zu Bodenfeuern und Schwelbränden. Diese schädigten vor allem den Wurzelraum der Bäume, was einige, nur verkohlte Stämme zu Fall brachte. Nach Ende der Trockenzeit stieg der Wasserspiegel im Sumpf wieder an und am Boden liegende Bäume versanken und entwickelten sich zu fossilen Holzeinschlüssen (vgl. GOLDAMMER 1993, S.7).

Auch heutzutage spielen natürliche Vegetationsbrände eine wichtige Rolle. Vor allem für feuerabhängige Ökosysteme, so genannte Feuerlandschaften (WWF DEUTSCHLAND 2012, S.9). Für diese Ökosysteme sind die Feuer seit je her von herausragender Bedeutung und dringend notwendig für ihr Fortbestehen. In diesen Regionen kommt es aufgrund verschiedener Faktoren wie Klima, Böden und daraus resultierenden Vegetationsformen häufig zu rein natürlichen Bränden.

In feuerempfindlichen Ökosystemen, zu denen auch die tropischen Regenwälder zählen kommen rein natürliche Brände eher selten vor. Meist entstehen Großbrände aufgrund eines verheerenden Zusammenwirkens anthropogener Faktoren (Brandrodung) oder natürlicher Brandquellen (Blitzschlag) und klimatischen Faktoren (ENSO Ereignisse). Die Hauptursache für natürliche Vegetationsbrände sind dabei Blitzschlagfeuer. Zu den übrigen natürlichen Feuerquellen zählen aktiver Vulkanismus, spontane Selbstentzündung sowie Steinschläge. Letzteren 3 Ursachen ist im Vergleich zu Blitzschlägen allerdings nur eine geringe Bedeutung zuordnen, weshalb sie nur kurz erläutert werden sollen.

Aktiver Vulkanismus: Vulkanismus und damit verbundene Lavaströme führen verhältnismäßig selten zu Waldbränden. Es handelt sich dabei in der Regel um Einzelereignisse mit einem lokal begrenzten Ausmaß. Allerdings gehen mit Vulkanausbrüchen auch oftmals Gewitterbildungen einher. Staub- und Aschepartikel werden dabei durch stärkere Eruptionen in die Atmosphäre geschleudert, bilden dort Kondensationskeime und führen somit zur Wolken- und Regenbildung. Mit diesen Wolkenformen gehen auch Gewitter einher, welche in einem größeren Maßstab als Vulkanausbrüche zu Blitzschlagfeuern führen können.

Spontane Selbstentzündung: Spontane Selbstentzündung kann entstehen wenn durch Bakterienzersetzung entstandene Wärme in organischen Auflagen mit großer Mächtigkeit nicht an die Umgebung abgegeben werden kann. Selbstentzündungen spielen ebenfalls eine verhältnismäßig untergeordnete Rolle bei der Entstehung natürlicher Brände. Meist kommt es mittels spontaner Selbstentzündung in Kohleflözen zum Brand, welcher bei entsprechender räumlicher Nähe auf Vegetation übergreifen kann.

Steinschlag: Durch Erdstöße oder Tiere (z.B. Affen) kann es zu Hangrutschungen und damit verbundenen Steinschlägen mit Funkenbildung kommen. Da für diese Art der Feuerentstehung allerdings bestimmte morphologische Gegebenheiten aufeinander Treffen müssen (z.B. Hangneigung, höhere Erdbebenwarscheinlichkeit, anstehendes Gestein fähig zum Funkenschlag) wird Steinschlägen bei der Entstehung natürlicher Vegetationsfeuer ebenso eine untergeordnete Rolle zugeschrieben.

Blitzschlag: Die größte Dichte der Blitzschlagaktivitäten wird heutzutage in den Tropen und Subtropen gemessen. Die Gewitterdichte schwankt dabei zyklisch mit den Jahreszeiten. Die Schwerpunkte der Gewitteraktivitäten verlagern sich zeitgleich mit der ITC (Innertropische Konvergenzzone). Somit Ist die Gewitteraktivität zu Beginn des Jahres (Januar) vor allem südlich des Äquators am höchsten. Im Juni hingegen sind die größten Gewitteraktivitäten nördlich des Äquators messbar. Im April sowie Oktober sind die höchsten Gewitteraktivitäten in der Region rund um den Äquator festzustellen (vgl. GOLDAMMER 1993, S. 6-7).

Eine Voraussetzung für die Entstehung aller natürlichen Feuer ist brennbares, leicht entzündliches Material. Dabei handelt es sich vor allem um leicht entzündliche Bodenvegetation (so genannte *flash fuels*) bzw. um vertrocknete, organische Auflagen. Die leicht entzündliche Bodenvegetation tritt beispielsweise natürlich in den Savannen und Grasländern der Subtropen auf. Aber auch im tropischen Regenwald können trockene Bodenvegetation bzw. trockene, organische Auflagen in großen Bestandslücken (z.B. Windwurffelder) auftreten. Das ist meist der Fall nach längeren Trockenperioden bzw. in bestimmten Gebieten, in denen der Wald durch Brandrodung aufgelichtet wird. Es kommt somit zur Entstehung potentieller Angriffsflächen für Vegetationsbrände, verursacht durch Blitzschlag, Vulkanismus, Selbstentzündung oder Steinschlag (vgl. GOLDAMMER 1993, S. 6-7).

Die Trockenzeiten, welche natürliche Vegetationsbrände grundsätzlich begünstigen, verlängern sich mit zunehmender Entfernung vom Äquator in den Tropen. Zudem treten zum Ende der Trockenzeiten häufig Trockengewitter auf, welche die Entstehung von Vegetationsbränden zusätzlich begünstigen. In Savannen und laubabwerfenden Wäldern der Randtropen ist zu diesem Zeitpunkt der Punkt der höchsten Brennbarkeit erreicht, da vorkommende einjährige Gräser sowie die Bodenstreu hauptsächlich ausgetrocknet sind. Natürlich Vegetationsbrände durch Blitzschlag sind somit sehr wahrscheinlich (vgl. GOLDAMMER 1993, S. 8).

Mit zunehmender Äquatornähe, also im Bereich der immerfeuchten Tropen hingegen fehlt unter natürlichen Bedingungen meist ein ausgiebiger Bewuchs der Krautschicht, welcher zur Trockenzeit austrocknen kann. Es wird lediglich von vereinzelten Blitzschlagfeuern ausgegangen, welche zur Bestandsdynamik beitragen. Durch das Verbrennen einzelner Bäume oder kleinerer Baumgruppen werden Lücken im dichten

Regenwaldbestand geschaffen. Somit dringt vereinzelt wieder mehr Licht bis zum Waldboden durch (bei
geschlossenem Kronendach nur etwa 3%), was wiederum das Nachwachsen neuer, junger Bäume
ermöglicht, um einer Überalterung der Bestände entgegenzuwirken (vgl. GOLDAMMER 1993, S. 8).
Rein natürliche Vegetationsbrände spielen also im Bereich des tropischen Regenwaldes eine eher
untergeordnete Rolle, was die Waldschädigung betrifft. Sie wirken sich im Gegenteil eher gut auf die
Altersstruktur der Wälder aus.
 Dennoch sind die tropischen Regenwälder heutzutage stark durch Waldbrandschäden gefährdet. Warum es
trotz geringer Anfälligkeit der tropischen Regenwälder dennoch immer häufiger zu großflächigen Bränden
kommt und welche Auswirkungen diese „unnatürlichen" Brände für die feuerempfindlichen, tropischen
Regenwald- Ökosysteme haben soll im nachfolgenden Textverlauf erläutert werden.

6 Anthropogen bedingte Vegetationsbrände

Anthropogen bedingte Vegetationsbrände stehen vor allem in den immerfeuchten Tropen also im Bereich des
tropischen Regenwaldes im festen Zusammenhang mit anthropogener Landnutzung der tropischen
Regenwälder.

6.1 Tropische Regenwälder / „*slash and burn*"

In tropischen Regenwäldern wird häufig eine Bewirtschaftungsform ähnlich des Wanderfeldbaus angewendet
(„*slash and burn*"). Diese Form der Landnutzung ist vor allem im Falle der Tropen untrennbar mit dem
Verbrennen der vorhanden Waldvegetation verbunden. Die Bäume auf der zukünftigen
Bewirtschaftungsfläche werden dafür meist zu beginn der Trockenzeit gefällt. Weiter verwendbares Holz
(Stämme) wird meist entfernt und Vermarktet oder anderweitig genutzt. Der Rest der Vegetation verbleibt
während der Trockenzeit auf der Fläche und wird an deren Ende verbrannt. Zurück bleibt eine
bewirtschaftungsfähige Fläche, deren Boden mit Nährstoffen angereichert ist. Das Verbrennen der Vegetation
ist dabei gleichzusetzen mit einer enorm beschleunigten Remineralisierung der vorher vorkommenden
Biomasse (vgl. GOLDAMMER1993, S. 9).
Dieser Brandfeldbau und seine Folgen wurden bis in die 80ger Jahre als punktuell bewertet. Damit wurde
ihnen keine weitere Bedeutung für eine Störung des ökosystemaren Gleichgewichts zugeschrieben. Der
Wanderfeldbau (in tropischen Regenwäldern verbunden mit Brandfeldbau) hat jedoch bis heute eine enorme
Steigerung erlebt und eine andere Größenordnung angenommen. Mit einer Intensivierung des Brandfeldbaus
haben sich auch die damit verbunden ökosystemaren Störungsprozesse der Naturwaldstruktur verschlimmert.
Die sich auf ehemaligen Anbauflächen entwickelnde Sekundärvegetation steht außer Konkurrenz. Es
handelt sich dabei um feueranfälligere, schneller wachsende Pioniergewächse. Diese sind auf freier Fläche
nicht mehr durch das feuchte Bestandsklima eines intakten tropischen Regenwaldes geschützt. Die gesamte,
ehemalig mit Primärwald bedeckte Fläche wird zum potentiellen Brandherd für umliegende Waldflächen.
Weiterhin kommt es mit einer Intensivierung des Brandfeldbaus zum „Zusammenwachsen" von

Brandrodungsflächen. Die genannten Faktoren führen dazu, dass der der gesamte Wald durch die anthropogenen Eingriffe brandanfälliger wird (vgl. GOLDAMMER 1993, S. 9 - 10).

<u>Auflichtung des Kronenraums</u>: Die Brandrodung hat weiterhin auf lokaler Ebene mikroklimatische Folgen. Ein erhöhter Anteil der Sonneneinstrahlung welche den Boden erreicht (bei geschlossenem Kronendach nur bei etwa 3%) und Luftbewegungen an neuen, freigelegten Waldrändern führen zu einer schnelleren und intensiveren Austrocknung potentiell brandanfälligen Materials. In den neu entstandenen Waldrandbereichen herrschen nun optimale Bedingungen für die Etablierung von Bodenvegetation vor, da der begrenzende Faktor Licht nunmehr eine geringere Rolle spielt. Weiterhin bildet sich auf den nicht mehr genutzten oder brach liegenden Bewirtschaftungsflächen in den ersten Jahren vor allem in der Kraut und Strauchschicht neue Vegetation. Im Gegensatz zum Primärregenwald (ursprünglicher Naturwald) sind nun die Voraussetzungen für die natürliche Entstehung von Bodenfeuern gegeben (vgl. GOLDAMMER1993, S. 10).

<u>Veränderte Blattstreu</u>: Die Etablierung von sekundären Pflanzengesellschaften hat außerdem zur Folge, dass sich die Zusammensetzung der Streu auf ehemaligen gerodeten Flächen bzw. in deren Randbereichen verändert. Die Pionier- und Sukzessionspflanzen treffen auf den genannten Flächen auf trockenere Bedingungen und bilden andere Streu als die Primärwaldgesellschaften der Tropen aus. Es handelt sich dabei um eine lockerere Streu, welche einem gehemmten Abbau unterliegt und schneller austrocknet als die typische Streu der Primärwaldgesellschaft (vgl. GOLDAMMER 1993, S. 10). „Diese Blattstreu steht daher als potentiell brennbares Material länger zur Verfügung" (GOLDAMMER 1993, S.10).

Auch unabhängig vom Wanderfeldbau werden die tropischen Regenwälder vielfach intensiv genutzt, was die Brandanfälligkeit zusätzlich steigert. Zu nennen sind dabei zum einen die selektive Holznutzung, welche zur beträchtlichen Auflichtung der Kronendächer in Primärwäldern führt. Dadurch kann mehr photowirksames Licht bis zum Boden durchdringen, was eine feueranfällige Bodenvegetation begünstigt. Ähnliche Wirkungen hat das Anlegen von Straßen, Trassen und Wegen, welche Infrastruktur für die Erschließung weiterer Ressourcen in tropischen Regenwäldern generieren sollen. Dabei handelt es sich beispielsweise um Ressourcen wie Kohle und Öl oder Mineralien. Die Erschließung der tropischen Regenwälder birgt zusätzliche Gefahren für ihr Fortbestehen, da auch vorher unzugängliche und unerreichbare Bereiche zugänglich gemacht werden und weiter anthropogen genutzt werden können. Wird in einem Gebiet des tropischen Regenwaldes das vorhanden sein von Bodenschätzen vermutet, kann es ebenso zu großflächigen Brandrodungen kommen um sich der Vegetation zu entledigen. Oftmals werden dann vorübergehend (da rechtlich vorgeschrieben) so genannte „Scheinaufforstungen" bzw. landwirtschaftliche Aktivitäten betrieben, bis tatsächlich Bodenschätze in Form von Kohle, Öl oder Mineralien erschlossen wurden. Somit kommt es zu einer enormen Wertsteigerung der bewirtschafteten Ländereien, sodass die Rodung des Primärwaldes in den Interessenhintergrund der Entscheidungsträger gerät. Vornehmlich in Südamerika wird der tropische Regenwald teilweise auch als Waldweide für die Rinderzucht genutzt. Auch in diesem Fall wird eine mehrmalige Brandrodung der Flächen praktiziert, was zur besagten Schwächung der angrenzenden Waldflächen und zu erhöhter Brandanfälligkeit führt. (vgl. GOLDAMMER 1993, S. 14).

Zudem besteht auch bei jeder Brandrodung das Risiko, dass ein außer Kontrolle geratenes Feuer zu einem

Totalbrand umschlägt und größere Waldgebiete vernichtet als ursprünglich angedacht.

Weiterhin sind Brandrodungen ebenfalls aus politischen Motiven denkbar. Dabei werden große Waldflächen systematisch in Agrar- und Siedlungsflächen für Umsiedelungsprogramme umgewandelt. So geschehen im Rahmen eines indonesischen Transmigrationsprogrammes auf Sumatra und Kalimantan (Borneo) (vgl. GOLDAMMER 1993, S. 15).

6.2 Antropogene Feuer in Savannen

Auch in den Savannengebieten der Randtropen kommt es zu anthropogen verursachten Vegetationsbränden. Schon bei den indigenen Völkern fand das Feuer Anwendung bei der Jagd auf Wildtiere. Zum einen bei der Treibjagd, aber auch zur Schaffung potentieller Äsungsflächen für Beutetiere. Die Wirkung des Feuers, welches die Vegetation zum Ausbilden frischer Triebe stimuliert war also schon früh bekannt. Heutzutage werden Savannen als Weidebereiche für Nutztiere genutzt, da sie mit die einzigen potentiellen Weideregionen im Bereich der Tropen darstellen. Wie bereits im Abschnitt natürliche Vegetationsbrände (5) angedeutet, sind Savannen grundsätzlich auf periodische Feuer angewiesen. Allerdings ist der Beweidungs- und Feuerdruck der Menschen auf die Savannen heutzutage vielerorts so groß, dass es zu einer Degradation der der Vegetation kommt. Die frischen Triebe werden durch die Weidetiere, welche zahlenmäßig oftmals zu viele sind, als das die Savannenvegetation den Eingriff tragen könnte, verbissen. Dadurch werden zu viele der Pflanzen stark geschwächt, sodass die Degradation punktuell sogar bis zur Desertifikation reichen kann (vgl. GOLAMMER 1993, S. 11 – 12).

6.3 Antropogene Feuer in laubabwerfenden Trockenwäldern

Da das Nutzungspotential der Savannen nachlässt, weiche die Menschen vielerorts auf andere Weideflächen aus. Es werden nun auch die laubabwerfenden Trockenwälder der Randtropen als Weideflächen benutzt. Doch auch hier sind die Verbissschäden sowie der hohe anthropogene Feuerdruck so hoch, dass selbst Arten mit einer hohen Feuertoleranz wie die ansässigen Baumarten oftmals nicht hoch genug wachsen können, um sich nicht mehr im Einflussbereich der Bodenfeuer zu befinden. Es kommt auch in diesem Ökosystem zur Degradation der Pflanzengesellschaften (vgl. GOLDAMMER 1993, S. 12).

In der Region der indischen laubabwerfenden Trockenwälder, werden zusätzlich zur Nutzung der Wälder als Waldweide auch Feuer zur Nutzung forstlicher Nebenprodukte gelegt. Die Rauchentwicklung eines Bodenfeuers wird beispielsweise zur Ausräucherung von Bienenstöcken indirekt genutzt. Weiterhin wird die trockene Streuschicht vorsätzlich verbrannt, um die Ernte bestimmter Fruchtsorten zu erleichtern. Die anfallende Asche der verbrannten Streu wird wiederum zur Düngung von Reisfeldern verwendet, womit den Wäldern wiederum ein entscheidender guter Nebeneffekt der Waldbrände genommen wird. Den Wäldern werden so wichtige Nährstoffe entzogen, welche zur Regeneration der Pflanzen benötigt würden (vgl. GOLDAMMER 1993, S. 13).

7 Ökologische und klimatische Einflüsse (regionaler Maßstab)

Auch in diesem Abschnitt sind die einzelnen Parameter der ökologischen Auswirkung (auf Boden, Vegetation) sowie der klimatischen Auswirkungen (Niederschlagsverminderung) nicht getrennt voneinander zu sehen. Vielmehr bedingen und beeinflussen sich die einzelnen Parameter gegenseitig und bilden ein Gesamtgefüge der Schädigung tropischer Regenwälder. Die Entwaldung ist dabei eine übergeordnete Folge, welche die einzelnen Parameter wiederum teilweise bedingt und teilweise aus ihnen folgt. Vor allem anthropogen bedingte Brände stehen dabei im Fokus.

7.1 Entwaldung

Es wird davon ausgegangen, dass die anthropogene Landnutzung tropischer Regenwaldflächen, welche unter anderem mit umfassenden Brandrodungen („*slash and burn*") verbunden ist, in direktem Zusammenhang mit der fortschreitenden Entwaldung tropischer Regenwälder steht .

Weltweit ließ sich für die Jahre 2000 - 2005 ein durchschnittlicher Waldverlust von ca. 73 000 km² (7,3 Mio. Hektar) pro Jahr feststellen. Im Gegensatz zur Periode 1990- 2000 mit einer durchschnittlichen jährlichen Entwaldung von 89 000 km² (8,9 Mio. Hektar) pro Jahr ließ sich ein Rückgang der globalen Entwaldung feststellen. Die in dieser Ausarbeitung thematisierten tropischen Regenwälder und insbesondere Südamerika tragen allerdings allein den größten Teil der Entwaldungsfläche. Im Zeitraum zwischen 2000 - 2005 betrug die durchschnittliche jährliche Entwaldung in Südamerika 43 000 km² (4,3 Mio. Hektar), was wiederum über 50% der durchschnittlichen Globalentwaldung dieser Periode entspricht (vgl. ANHUF 2010, S. 6).

Dieser Abwärtstrend findet sich auch in den Entwaldungszahlen (Waldverlust) des brasilianischen Amazonasgebietes wieder. So lag der Waldverlust im Jahr 2004 beispielsweise noch bei 27 400 km² (2,74 Mio. Hektar). Im Jahr 2011 hingegen wurde nur noch ein Waldverlust von 6 400 km² (0,64 Mio. Hektar) gemeldet (vgl. Abbildung 3). Die Daten wurden ursprünglich von der brasilianischen Weltraumbehörde INPE (Instituto Nacional de Pesquisas Espaciais) erhoben. Sie wurden der WWF Waldbandstudie aus dem Jahr 2012 entnommen.

Laut FAO Berechnungen aus dem Jahr 2005 betrug die Gesamtwaldfläche Südamerikas insgesamt 8 315 400 km². Dieser Anteil entspricht etwa 20 % der globalen Waldfläche (vgl. ANHUF 2010, S. 6).

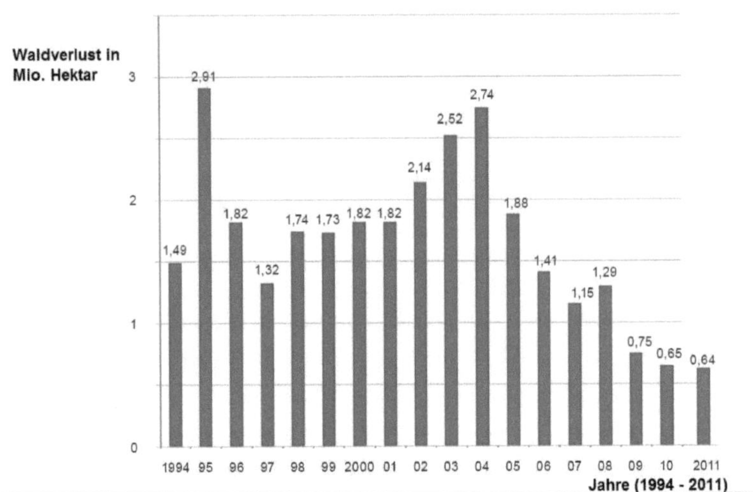

Abbildung 3 : jährlicher Waldverlust im brasilianischen Amazonasbecken (1994 – 2011) nach WWF DEUTSCHLAND (2012), S. 71, verändert.

7.2 Niederschlag:

Von der Gesamtwassermenge der Erde sind etwa 97 % in Ozeanen als Salzwasser und 3% als Süßwasser gespeichert. Vom Süßwasseranteil sind wiederum etwa 2/3 in Form von Eis gespeichert. Die übrig bleibende, dauerhaft zirkulierende Wassermenge beträgt knapp 500 000 km³, wovon etwa 13 000 km³ dem atmosphärischen Wasserdampfanteil entsprechen. Dieser Wasserdampfanteil kommt unter anderem durch die Verdunstung von Oberflächengewässern, Ozeanen, Bodenverdunstungen und der Transpiration der Pflanzen zustande. Weiterhin steigt mit steigender Lufttemperatur auch die Feuchtekapazität der Luft, sodass wärmere Luftmassen mehr Wasser in Form von Wasserdampf aufnehmen können als kältere. Aus diesem Grund enthalten die Luftmassen unter den klimatischen Bedingungen der immerfeuchten Tropen die größten Wassermengen, mit den daraus folgenden höchsten Niederschlagsmengen der Welt im Durchschnitt. Die mittlere Jahressumme der Niederschläge des Amazonasbeckens beläuft sich darum auf einen hohen Wert von etwa 2150 mm. Von durchschnittlich 5,9 mm Niederschlag pro Tag im Amazonasbecken werden etwa 60% via Evapotranspiration wieder an die Luft abgegeben. Der größte Anteil wird mit etwa 70 – 80% Anteil an der Evapotranspiration durch Transpiration von größeren Bäumen gestellt. Dieser hohe Wert soll die Bedeutung der Vegetation für die hohen Verdunstungswerte und damit den hohen Wasserdampfanteil in der Luft verdeutlichen. Der hohe Wasserdampfanteil ist wiederum verantwortlich für die verhältnismäßig hohen Niederschlagswerte im gesamten Amazonasbecken und teilweise noch darüber hinaus. Die fortschreitende Entwaldung, welche im Amazonasbecken vor allem durch Waldbrände anthropogener Natur verursacht bzw. verstärkt wird, führt zu einer Verringerung der Primärwaldfläche. Diese Verringerung der Waldfläche wirkt sich in der Folge auch auf die Niederschlagsverhältnisse im Bereich des tropischen Regenwaldes im Amazonasbecken aus. „Die Transpirationsleistung einer Vegetationseinheit ist proportional zum Blattflächenindex (LAI), sodass Wälder wesentlich mehr Wasser umsetzen als Weiden" (ANHUF 2010, S. 7). Die Entwaldung in den Tropen hat somit direkte Auswirkungen auf eine Verminderung der Evapotranspiration in den Tropen. Es wird von einer Verminderung der Evapotranspiration von bis zu 200 mm im Jahr und einer damit verbundenen Niederschlagsabnahme von ca. 20 % der Jahressummen ausgegangen (vgl. ANHUF 2010, S. 7). Diese Verminderung der Durchschnittlichen jährlichen Niederschlagsmengen führt zu allgemein trockeneren Bedingungen in den Tropen, was die Brandanfälligkeit der Wälder zusätzlich steigert, da potentiell brennbares Material wie die Bodenstreu weniger Feuchtigkeit aufweist. Vermehrt auftretende Waldbrandereignisse können wiederum zu einer fortschreitenden Entwaldung führen, was sich wie beschrieben in noch geringeren Niederschlagsmengen manifestieren kann.

7.3 Boden

Das Verbrennen von Biomassen (wie beim „*slash and burn*" angewendet) hat eine verhältnismäßig schnelle Freisetzung von Ca (Calcium), Mg (Magnesium), K (Kalium) und P (Phosphor) zur Folge. Diese Nährstoffe liegen nach Bränden in großen Mengen, in ionisierter Form dar und sind somit direkt pflanzenverfügbar. Dies erhöht die Nährstoffverfügbarkeit in eigentlich nährstoffarmen Böden des tropischen Regenwaldes ungemein (vgl. GOLDAMMER 1993, S. 52). Das verbrennen von Biomasse hat daher einen vorübergehenden Düngeeffekt auf den Boden. Dennoch sind die Folgen der Brandrodung für den Primärwald bzw. auch für den nachwachsenden Sekundärwald als negativ zu bewerten. Durch die Verbrennung der Biomasse kommt es auf längere Sicht gesehen zu einer bedeutenden Verminderung der pflanzengebundenen Nährelementvorräte. Der durch „*slash and burn*" gewonnene nährstoffreiche Boden wird wie bereits erwähnt nachfolgend ackerbaulich genutzt. Diese Nutzung führt zu einem Entzug der Nährstoffe durch die angebauten Kulturpflanzen. Da diese nach der Ernte vom Standort entfernt werden, werden dem bewirtschafteten Areal ursprünglich pflanzengebundene Nährstoffe unwiderruflich entzogen. (vgl. GEROLD 1991, S. 27). Die Flächen werden bewirtschaftet, bis ein Fruchtbarkeitsverlust des Bodens festgestellt wird, welcher sich in einer geringer werdenden Ertragskapazität widerspiegelt. Dieser Zustand kann im Bereich der immerfeuchten Tropen aufgrund hoher Niederschlagsintensität und der damit verbundenen hohen Nährstoffauswaschung recht schnell eintreten. Der Zeitpunkt eines Fruchtbarkeitsverlustes mit „(...) ertragsmindernder kritischer Nährstoffverfügbarkeit(...)" kann bereits ab dem zweiten Anbaujahr eintreten (GEROLD 1991, S.34). Es werden danach neue Anbaugebiete benötigt, was wiederum zu einer „*slash and burn*" - Nutzung neuer Primärwaldflächen führen kann und somit mit einer neuen Entwaldung verbunden ist. Lösung für dieses Problems könnte ein sinnvoller Nutzungswechsel der Flächen bieten. Angebracht wäre eine Nutzungsrotation mit Brache, der Ansiedlung von Sekundärwald, Feldbau und der Ausbringung von Gründünger sowie Ernterückständen auf der Anbaufläche (vgl. GEROLD 1991, S. 35). Dies könnte der Nährstoffverarmung des Bodens entgegenwirken und somit indirekt auch weiteren Brandfeldbau in Primärwaldregionen verhindern.

Mir der Brandrodung kommt es zusätzlich mit dem Absterben des Primärwaldes durch Rodung zum Verlust des natürlichen Wurzelfilzes. Dieser gab dem Boden Halt und Stabilität, sodass der Boden stärker durch die bereits beschriebenen, vertikal gerichteten Auswaschungen beeinflusst wird. Die vorher in Biomasse gebundenen Nährstoffe gehen dem Boden neben dem Entzug durch die Kulturpflanzen also auch auf diese Weise nachhaltig verloren. Die Kationenaustauschkapazität (KAK) des Bodens verschlechtert sich somit, was unmittelbar auf die sich neu ansiedelnden Pflanzen zurückfällt. Aufgrund der schlechteren Bodenverhältnisse als im Ausgangsstadium des Primärwaldes werden sich andere Pflanzen auf den nicht weiter genutzten Flächen ansiedeln können, welche wiederum eine erhöhte Brandanfälligkeit in das System bringen.

Weiterhin kommt es durch die Verbrennung und damit einhergehenden Vernichtung des Primärwaldes vermehrt zu fluvialer und äolischer, horizontal gerichteter Erosion. Dies kann zum Verlust bzw. zur starken Schädigung des Oberbodens führen. Auch mit dieser Form des Erosionsaustrages geht ein erheblicher Nährstoffverlust für den Boden einher (vgl. GEROLD 1991, S. 27).

7.4 Vegetation

Anders als bei selten bis nie vorkommenden natürlichen Bodenfeuern kann bei Brandrodungen die Verfügbarkeit von Samen für eine Wiederbesiedlung der verbrannten Fläche durch Sekundärwald nahezu vollständig zerstört werden. Die Brandintensität und Hitzeentwicklung ist dabei so hoch, dass vorhandene Samenanlagen der Pflanzen sowie sich im Oberboden befindliche Samen oftmals vollständig zerstört und damit „sterilisiert" werden. Sie sind danach nicht mehr keimfähig. Dieser Effekt ist durch den bewirtschaftenden Landwirt durchaus gewünscht, da so der Konkurrenzdruck für die Kulturpflanzen erheblich gesenkt wird. Speziell sehr großflächige Brandrodungen sind dabei gefährlich, da die fehlende Samenverfügbarkeit nicht durch Samen vom Rand der Rodungsfläche ausgeglichen werden kann (vgl. GOLDAMMER1993, S. 52).

Ohne einen entsprechenden Bewuchs, welcher zur Bodenstabilität beiträgt, kommen bereits genannte Parameter wie Bodenerosion durch Niederschläge und Wind und die Bodenaustrocknung durch erhöhten, direkten Strahlungseintrag stärker zum tragen. Lösungsansatz könnten schon einzelne verbleibende Bäume oder Bauminseln auf der Rodungsfläche bieten. Diese sichern nach der Nutzung zumindest den Sameneintrag auf der Rodungsfläche. Selbst wenn aufgrund von Konkurrenzgründen für die Kulturpflanzen vollständig (Kahlschlag) gerodet werden sollte, würde das Verbeliben stärker dimensionierter Äste und Stämme auf der Rodungsfläche einen Lösungsansatz bieten, um der enormen Bodenverarmung entgegenzuwirken. Zum einen bietet das zumindest einen länger verfügbaren, in Biomasse gebundenen Vorrat an Nährstoffen. Dieser kann nicht wie bei der Aschedüngung der Fall, erodiert werden. Weiterhin spendet liegendes Totholz dem Boden Schutz vor erhöhter Sonneneinstrahlung. An Plätzen liegenden Totholzes können sich *Mikrohabitate* bilden, welche für eine eventuelle Regeneration des Primärwaldes notwendig wären (vgl. GOLDAMMER 1993, S. 53).

8 Klimatische Einflüsse (globaler Maßstab):

Es soll aufgezeigt werden, dass Brände und Entwaldung in tropischen Regenwäldern indirekt auch von überregionalen Ereignissen beeinflusst werden können. Auf der anderen Seite bedingen Brände und Entwaldung überregionale Ereignisse im globalen Maßstab. Im Fokus stehen dabei ENSO Ereignisse sowie der globale Klimawandel.

8.1 Einfluss von ENSO Ereignissen

El Niño Ereignisse sind eng an Luftdruckschwankungen auf der Südhalbkugel (Southern Oscillation) gekoppelt. Der Zustand der Luftdruckschwankungen wird mittels des SOI (Southern Oscillation Index) gemessen. Es handelt sich dabei um die Differenz des Bodenluftdrucks zwischen den Messstationen Tahiti und Darwin. Nimmt der SOI negative Werte an, Spricht man von einem El Niño Ereignis oder gekoppelt von einem ENSO (El Niño Southern Oscillation) Ereignis. Dieses Phänomen bewirkt eine Umkehrung der Windverhältnisse (Walker- Zirkulation) über dem Pazifik. Diese Umkehrung führt zu einem Aussetzen des Südost- Passat und hat je nach Ausprägung klimatische Auswirkungen, teils globalen Ausmaßes zur Folge. Bedeutende Beispiele für solche klimatischen Änderungen sind Dürreperioden durch verminderte Niederschlagsmengen. Davon besonders betroffen sind die Regionen Indonesien, der Nordosten Brasiliens und teilweise Mittelamerika. Dabei handelt es sich unter anderem um Bereiche der immerfeuchten Tropen, in denen wie erläutert eigentlich über das ganze Jahr hohe Niederschläge zu erwarten wären (DEUTSCHER WETTERDIENST 2013, S. 4).

Im Zusammenhang mit anthropogen bedingter Entwaldung durch Abholzung und Brandfeldbau in den Tropen, sind ENSO Ereignisse als einer der Hauptgründe für die fortschreitende Verarmung der tropischen Regenwälder anzusehen. Während eines großen ENSO Ereignisses in den Jahren 1997-1998 beispielsweise waren 39 000 km² Wald im brasilianischen Amazonasgebiet von Waldbrand betroffen. Diese Fläche entspricht der doppelten Fläche, welche nur durch anthropogen bedingte Entwaldung in den beiden Jahren verloren ging (vgl. ALENCAR et al. 2011, S. 2397). Folgende Grafiken sollen die klimatischen Auswirkungen eines ENSO Ereignisses im Bezug auf veränderte Niederschlagsverhältnisse und daraus resultierenden Dürren verdeutlichen.

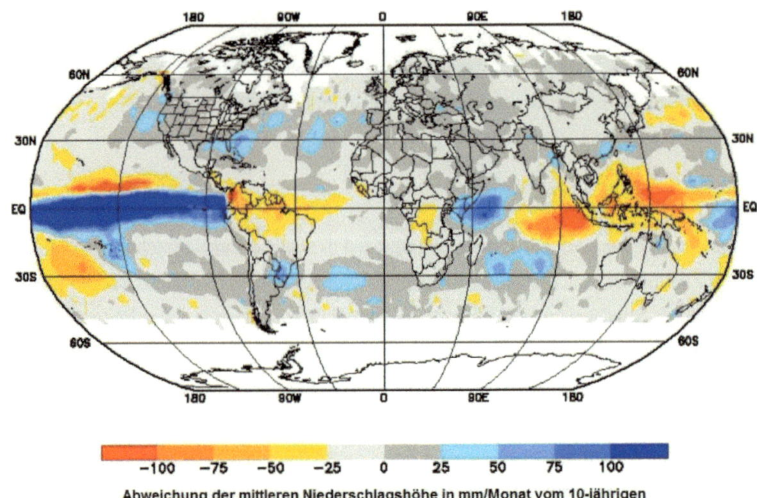

Abbildung 4 : Auswirkungen eines ENSO Ereignisses auf Niederschlagssituation (April 1997 bis März 1998) aus: DEUTSCHER WETTERDIENST (2013), S.2.

Erläuterung zu Abbildung 4: Abbildung 4 veranschaulicht die Niederschlagssituation während des ENSO Ereignisses in den Jahren 1997 -1998. In einem Farbspektrum von rot (niedrig) nach blau (hoch) sind die Abweichungen der mittleren Niederschlagshöhe in mm pro Monat während des ENSO Ereignisses von den mittleren Niederschlagswerten in mm pro Monat aus einer 10 jährigen Messreihe der Jahre 1988 – 1997 dargestellt. Gelbe - rote Bereiche (-25 bis -100 mm) kennzeichnen ein Niederschlagsdefizit während des Ereignisses im Vergleich zu den Mittelwerten der 10- jährigen Messreihe. Hellblaue – blaue Bereiche (25 bis 100 mm) kennzeichnen einen Niederschlagsüberschuss während des Ereignisses im Vergleich zu den Mittelwerten der 10- jährigen Messreihe.

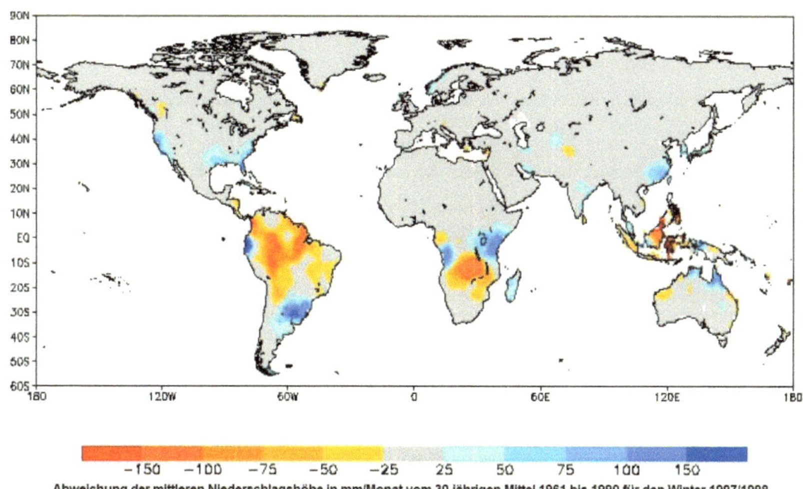

Abweichung der mittleren Niederschlagshöhe in mm/Monat vom 30-jährigen Mittel 1961 bis 1990 für den Winter 1997/1998

Abbildung 5 : Auswirkungen eines ENSO Ereignisses auf Niederschlagsverhältnisse (Dezember 1997 bis Februar 1998) aus: DEUTSCHER WETTERDIENST (2013), S.3.

Erläuterung zu Abbildung 5: Abbildung 5 veranschaulicht die Niederschlagssituation während des ENSO Ereignisses im Winter (laut meteorologischer Definition : Dezember bis Februar) der Jahre 1997 -1998. In einem Farbspektrum von rot (niedrig) nach blau (hoch) sind die Abweichungen der mittleren Niederschlagshöhe in mm pro Monat über Land während des ENSO Ereignisses von den mittleren Niederschlagswerten in mm pro Monat über Land aus einer 30- jährigen Messreihe der Jahre 1961 – 1990 dargestellt. Gelbe - rote Bereiche (-25 bis -150 mm) kennzeichnen ein Niederschlagsdefizit während des Ereignisses im Vergleich zu den Mittelwerten der 30- jährigen Messreihe. Hellblaue – blaue Bereiche (25 bis 150 mm) kennzeichnen einen Niederschlagsüberschuss während des Ereignisses im Vergleich zu den Mittelwerten der 10 jährigen Messreihe.

Interpretation: Es lassen sich in der Zeitperiode April 1997 – März 1998 deutliche Niederschlagsdefizite in verschiedenen Regionen in Äquatornähe erkennen (vgl. Abbildung 4). Auch Niederschlagsüberschüsse sind auszumachen. Von Niederschlagsdefiziten betroffen sind vor allem die immerfeuchten Tropen und somit auch die tropischen Regenwälder. Die stärksten Niederschlagsdefizite sind dabei im Bereich um Indonesien auszumachen. Aber auch das Amazonasbecken (etwas stärker) und das Kongobecken (etwas schwächer) sind von Niederschlagsdefiziten betroffen.

Auch in der Zeitperiode Dezember 1997 – Februar 1998 sind deutliche Niederschlagsdefizite zu erkennen. Die betroffenen Regionen befinden sich ebenfalls in Äquatornähe, sind aber im Gegensatz zu Abbildung 4 etwas weiter südlich des Äquators auszumachen. Weiterhin stellt sich die Niederschlagsdefizitsituation (in diesem Fall ausschließlich über Land gekennzeichnet) noch etwas kritischer dar, als in Abbildung 4 zu erkennen. Auch in diesem Fall sind die größten Niederschlagsdefizite im Bereich um Indonesien und im Bereich des Amazonasbeckens auszumachen (vgl. Abbildung 5).

Die höheren Niederschlagsdefizite im Amazonasbecken und im Bereich um Indonesien lassen 2 mögliche Schlussfolgerungen zu.

Erstens: Die mittlere Niederschlagshöhe im Winter der Jahre 1997/ 1998 war noch geringer als die mittlere Niederschlagshöhe im Zeitraum April 1997 bis März 1998.

Zweitens: Die mittleren Niederschlagswerte der 30- Jährigen Messreihe überschreiten die mittleren Niederschlagswerte der 10- jährigen Messreihe.

Eine weitere und sehr wahrscheinliche Erklärung ist eine Mischform aus beiden Schlussfolgerungen.

Beide Grafiken verdeutlichen jedoch, dass das ENSO Ereignis 1997/1998 zu Niederschlagsdefiziten im Bereich der immerfeuchten Tropen geführt hat. Diese Niederschlagsdefizite sind verbunden mit Trockenperioden durch ENSO, welche die Brandanfälligkeit der tropischen Regenwälder zumindest in Südost- Asien und im Amazonasbecken erhöhen. Die große Fläche (39 000 km²), welche im Brasilianischen Amazonasregenwald genau in diesem Zeitraum 1997 – 1998 von Waldbränden betroffen war, ist ein weiteres Indiz dafür, das Klimaoszillation als wichtigste natürliche Komponente für Waldbrände in tropischen Regenwäldern herangezogen werden kann (vgl. ALENCAR et al. 2011, S. 2397).

Es ist jedoch ebenso zu bemerken, dass die enorme Größe der Brände ohne den hohen anthropogenen Nutzungsdruck vermutlich nicht zustande kommen würde. Die voranschreitende Entwaldung fördert den zerstörerischen Effekt klimatischer Großereignisse hingegen noch, da durch Auflichtung einstmals geschlossener Waldblöcke und Waldränder auch die Angriffsfläche für Trockenperioden und damit verbundene Waldbrände erhöht wird.

8.2 Einfluss auf den Klimawandel

Die bereits beschrieben Brandaktivitäten natürlichen und anthropogenen Ursprungs geben Anlass zur Annahme, dass durch direkte und indirekte Auswirkungen von Vegetationsbränden und damit verbundener Entwaldung auch überregionale, großräumige klimatische und damit auch ökologische Prozesse beeinflusst werden können. Dabei spielen in erster Linie große Brandereignisse, wie z.B. der großflächige Waldbrand im brasilianischen Amazonasgebiet (1997/1998) eine über den Standort hinausgehende Rolle. Da es sich dabei jedoch um Großereignisse handelt, welche in großen zeitlichen Abständen auftreten, ist auch eine Betrachtung kleinerer Brandereignisse von Nöten. Werden diese aufsummiert, ist auch in ihrem Fall von schleichenden, überregionalen Auswirkungen auszugehen. Diese Summe ist allerdings nur schwer abzuschätzen, da meist nur über genannte Großereignisse ausreichend verwertbare Daten über Ausmaße und Intensität der Brände vorliegen (vgl. GOLDAMMER 1993, S. 174).

Der anthropogene Treibhauseffekt ist Schätzungen zu folge auf bis zu 18% auf Abholzung, Abbrennen und Umwaldung tropischer und außertropischer Wälder zurückzuführen. Diese Emissionen überschreiten damit sogar die geschätzten Emissionen des weltweiten Verkehrssektors. Es wird davon ausgegangen, dass

Landnutzungsänderungen wie Abholzung und landwirtschaftliche Nutzung einen erheblichen Anteil des CO_2 Anstieges in der Atmosphäre zu verantworten haben (vgl. ANHUF 2010, S. 7).

Tropische Wälder wie auch der Amazonasregenwald speichern einen Großteil des Weltweiten, in Biomasse vorkommenden Kohlenstoffs. Die global in Biomasse gespeicherten Kohlenstoffmengen betragen dabei in etwa 2100 Gt. Über 25% des Kohlenstoffs (ca.550 Gt) entfallen dabei auf tropische Wälder. Schätzungsweise 100 Gt (Stand 2010) dieses Kohlenstoffaufkommens sind davon im Amazonasregenwald gespeichert (vgl. ANHUF 2010, S. 7).

Grundsätzlich lässt sich feststellen, dass die Verbrennung tropischer Vegetation sich überregional auf großräumige biogeochemische Prozesse auswirkt. Die Verbrennung von Biomasse führt zur Freisetzung von Rauchpartikeln und Spurengasen (u.a. CO_2 , CO, NO). Weiterhin ergibt die Verbrennung pflanzlicher Biomasse als wichtigste Reaktionsprodukte Wasser (H_2O) und Kohlenstoffdioxid (CO_2) (vgl. GOLDAMMER 1993, S. 218).

Die hohen anthropogen initiierten Brandaktivitäten in tropischen Regenwäldern setzen den in der Biomasse gebundenen Kohlenstoff in Form von CO_2 also erst mal frei. Mit einer agrarwirtschaftlichen Nutzung der überbrannten Flächen und der damit verbundenen Neubildung von Biomasse, wird ein Teil dieses über CO_2 emittierten Kohlenstoffes wieder in pflanzlicher Biomasse gebunden. Da die Biomasse in Form von Kulturpflanzen jedoch so gut wie nie das Ausmaß an Biomasse des Primärwaldes erreicht, ist es mit dem Verbrennungsprozess zu einer nachhaltigen Nettoverlagerung von Kohlenstoff in die Atmosphäre gekommen. Die bereits beschriebenen ökologischen Auswirkungen der landwirtschaftlichen Nutzung bestärken diese Annahme zusätzlich, da durch Bodendegradation und Zerstörung des Mikroklimas sowie durch eine Zerstörung der Samenbank eine Neubildung des Primärwaldes enorm erschwert wird. Dieser wäre jedoch in der Lage die endgültige Nettoverlagerung von Kohlenstoff in die Atmosphäre auf langfristige Sicht zu verhindern. Es kommt also mit der landwirtschaftlichen Nutzung wie beim „*slash and burn*" zur nachhaltigen Verringerung der Biomassedichte und damit verbundenen der Nettoprimärproduktion, welche nötig ist um Kohlenstoff über die Photosynthese in Biomasse zu binden. (vlg. GOLDAMMER 1993, S. 185-186).

Kohlenstoffdioxid ist ein Treibhaus wirksames Gas in der Atmosphäre. Die Atmosphäre absorbiert einen Teil der von der Erdoberfläche emittierten Wärmestrahlung. Ein Teil dieser absorbierten Strahlung wird daraufhin als atmosphärische Gegenstrahlung wieder in Richtung Erdoberfläche abgegeben. Mit steigender CO_2 Konzentration sowie steigender Konzentration anderer Treibhaus wirksamer Gase in der Atmosphäre, verstärkt sich dieser Effekt und führt zu einer Erwärmung der Erdoberfläche.

„Die globale Temperaturerhöhung im letzten Jahrhundert betrug 0,74°C (IPCC 2007)" (ANHUF 2010, S. 8). Dieses Phänomen hat globales Ausmaß und wird durch Emissionen aus Brandrodungen sowie durch Waldbrände im allgemeinen noch vorangetrieben. Weiterhin war mit den weltweit steigenden Temperaturen eine Verminderung der Nettoprimärproduktion in tropischen Wäldern zu beobachten. Als mögliche Gründe dafür können erhöhter Trockenstress durch die eben beschriebenen ansteigenden Temperaturen sowie durch ebenfalls bereits beschriebene Niederschlagsverminderungen genannt werden. Bekräftigt wird diese

Annahme dadurch, dass der Rückgang der Nettoprimärproduktion auch in Jahren ohne große ENSO bedingte Trockenereignisse zu beobachten war. Es ist also von einem anhaltenden und wohl möglich noch steigenden Trockenstress für die tropischen Wälder auszugehen. Eine verminderte Nettoprimärproduktion spricht wiederum für eine verminderte Kohlenstofffixierung in pflanzlicher Biomasse, was den Prozess der Klimaerwärmung vermutlich noch zusätzlich vorantreibt (vgl. ANHUF 2010, S. 8).

Rauchpartikel welche ebenfalls bei der Verbrennung von Biomasse entstehen haben ebenso klimawirksame Auswirkungen. Mit Rauchpartikeln werden potentielle Kondensationskerne für Wasserdampf in die Atmosphäre eingetragen. Zusammen mit den bereits in der Atmosphäre vorhandenen Wolkenkondensationskerne liegt eine erhöhte Anzahl an Kondensationskernen in der Atmosphäre vor. Es kommt dadurch zu einer erhöhten Anzahl an Tröpfchenbildungen. Da die Wasserverfügbarkeit in der Atmosphäre jedoch weitgehend konstant bleibt, sind diese vielen Tröpfchen jeweils kleiner und leichter sind, regnen diese nicht oder erst nach längerem Verbleib in der Atmosphäre ab. Es kommt zum Aussetzen von Niederschlägen bzw. insgesamt zu einer Niederschlagsverminderung (vgl. GOLDAMMER 1993, S. 188).

9 Sozioökonomische Parameter

Durch eine mit Entwaldung verbundenen Abholzung tropischer Regenwälder werden Räume für Ackerflächen, Weiden und Plantagen geschaffen. Durch diese Arten der Landnutzung werden aus sozioökonomischer Sicht zunächst einmal Arbeitsplätze und Einkommen generiert. Die Einkommensmöglichkeiten für Landwirte in den Tropen sind jedoch sehr gering. Die wirklichen Verdiener an der Zerstörung des tropischen Regenwaldes sind nach wie vor große Konzerne. Dieses Problem betrifft allerdings nur einen relativ geringen Anteil der Bevölkerung tropischer Länder, da der Großteil der Bevölkerung Tätigkeiten nachgeht, welche Wohlstand und technischen Fortschritt generieren sollen. Aufgrund der geringen Einkommensmöglichkeiten und den daher geringen Entwicklungschancen für die landwirtschaftliche Nutzung des tropischen Regenwaldes, wäre es aus naturschützerischer Sicht sogar wünschenswert, wenn ein genereller Nutzungstopp für die wertvollen Primärwälder durchgesetzt werden würde. Im Sinne des bereits erläuterten Anteils der Verbrennung und Entwaldung tropischer Wälder am Klimawandel stehen betroffene Nationen somit vor der Wahl. Auf der einen Seite könnten tropische Regenwälder zum globalen Nutzen also in erster Linie aus Klimaschutzgründen durch staatliche Restriktionen geschützt werden, sodass sie erhalten bleiben. Dem gegenüber steht die Option sie zur Schaffung von Arbeit und zur Generierung kurzfristiger Gewinne weiter zu nutzen und auf lange Sicht gesehen vermutlich zu zerstören. Unter Bezugnahme zu der wirtschaftlichen Situation vieler Länder der Tropenregion wird die Entscheidung vermutlich eher zu Gunsten der wirtschaftsfördernden Aspekte ausfallen.

Es ist davon auszugehen, dass die sogar auf globaler ebene wichtigen Primärwälder der immerfeuchten Tropen nur eine Chance zum Fortbestehen haben, wenn die betroffenen Staaten finanziell unterstützt werden. Noch wichtiger erscheint in diesem Zusammenhang sogar eine finanzielle Unterstützung der Bewohner in

betroffenen Gebieten, welche sich mindestens auf die Höhe der Verzichtskosten belaufen sollte (vgl.
GUTZLER 2012, S.6-7).

Den den tropischen Regenwald bewirtschaftenden Menschen sollte also ein Anreiz geboten werden, die
zerstörerische Bewirtschaftung des tropischen Regenwaldes zu Gunsten des globalen Nutzens aufzugeben.
Es erscheint Sinnvoll genau an dieser Stelle anzusetzen, da es sich dabei um die Menschen handelt, welche
das Schicksal des tropischen Regenwaldes zu großen Teilen in ihren Händen halten.

10 Schlussbetrachtung

Feuer in den tropischen Regenwäldern der Welt spielen in der heutigen Zeit vermutlich eine wichtigere Rolle
den je. Sie werden zu einem relativ geringen Anteil durch natürliche Ursachen verursacht. Eine auf
regionaler bis globaler Maßstabsebene wichtigere Rolle spielen vor allem anthropogen verursachte Brände.
Besonders im Zusammenhang mit klimatischen Großereignissen wie ENSO sind die ökologischen und
daraus folgenden klimatischen Auswirkungen bedeutend für die gesamte Welt. Waldbrände in den Tropen
gehen mit einer voranschreitenden Entwaldung tropischer Regenwälder einher. Diese Entwicklung wird
besonders durch in den Tropen betriebene Landwirtschaft bekräftigt. Intakte Waldökosysteme der
immerfeuchten Tropen bilden mit ihrer im Vergleich zu anderen Waldökosystemen enormen
Kohlenstoffspeicherkapazität eine der bedeutendsten Kohlenstoffsenken unserer Erde. Doch auch in
kleinerem Maßstab haben die tropischen Regenwälder klimatische Bedeutung in Hinblick auf die
Wasserversorgung ihrer Umgebung. Um die tropischen Regenwälder zu erhalten, ist es notwendig nicht nur
die naturwissenschaftliche Perspektive des Problems zu betrachten, sondern ebenfalls den
sozioökonomischen Ursachen der Tropenwaldzerstörung entgegen zu wirken.
Weiterhin ist zu bemerken, dass die gesamten genannten Parameter welche auf Brände und Entwaldung in
tropischen Regenwäldern wirken und von ihnen bedingt werden nicht getrennt voneinander zu betrachten
sind. Sie beeinflussen und bedingen sich viel mehr gegenseitig und bilden ein komplexes Gesamtgefüge. Es
sollte Aufgabe der Wissenschaft sein dieses Gesamtgefüge mit seinen einzelnen Parametern möglichst genau
zu beschreiben, und Lösungsansätze zu bieten, welche nicht nur auf einzelne Faktoren des Gesamtproblems
abzielen.
Durch Aufklärung der Wissenschaft über die verheerenden Auswirkungen der Zerstörung tropischer Wälder
wurde in der Vergangenheit bereits ein Rückgang der jährlichen Entwaldungsraten (Waldverlust) erreicht.
Diesen Trend gilt es zu verfolgen und auszuweiten.
„Wenn wir die Wälder verlieren, verlieren wir den Kampf gegen den Klimawandel" (ANHUF 2010, S. 32).

11 Literaturverzeichnis

ALENCAR, A., ASNER, G. P., KNAPP, D. & D. ZARIN (2011) : Temporal variability of forest fires in eastern Amazonia. Ecological Applications 21(7). S. 2397 – 2412.

ANHUF, D. (2010) : Die tropischen Regenwälder – ihre Bedrohung und ihr Beitrag zum globalen Klimawandel. Praxis Geographie 40 Heft 6. S. 4 - 8.

ANHUF, D. (2010) : Kein Klimaschutz ohne Waldschutz. Die Rolle der Regenwälder Amazoniens im Kampf gegen den Klimawandel. Geographische Rundschau 62 Heft 9. S. 28 – 32.

DEUTSCHER WETTERDIENST (2013) Niederschlagsanalysen am Beispiel des El Niño Ereignisses 1997/1998.
http://www.dwd.de/bvbw/generator/DWDWWW/Content/Oeffentlichkeit/KU/KU2/KU22/klimastatusbericht/einzelne__berichte/ksb1998__pdf/07__1998,templateId=raw,property=publicationFile.pdf/07_1998.pdf (abgerufen am 27.12.2013).

GEROLD, G. (1991) : Nutzungseingriffe in tropische Waldgesellschaften und deren pedo – ökologische Folgen (Bolivien). - in: SCHOLZ, U. (Hrsg.): Tropischer Regenwald als Ökosystem. Giessen. S. 25 – 40.

GOLDAMMER, J. G. (1993) : Feuer in Waldökosystmen der Tropen und Subtropen. Basel; Boston; Berlin.

GUTZLER, C. (2012) : Auswirkungen von Landnutzungsänderungen in den Tropen auf lokale Wasser- und Nährstoffkreisläufe. Vom Regenwald zur Kakaoplantage. Aachen.

NENTWIG, W., BACHER, S. & R. BRANDL (2009) : Ökologie kompakt. 2. Auflage. Heidelberg.

SCHULTZ, J. (2008) : Die Ökozonen der Erde. 4. Auflage. Stuttgart.

WWF DEUTSCHLAND (2012) : Wälder in Flammen. Ursachen und Folgen der weltweiten Waldbrände. 6. Auflage. Berlin.